MATIÈRE ET ÉTHER

ΑΕΙ Ο ΘΕΟΣ ΓΕΩΜΕΤΡΕΙ

ACTUALITÉS SCIENTIFIQUES

MATIÈRE ET ÉTHER,

INDICATION

D'UNE

MÉTHODE POUR ÉTABLIR LES PROPRIÉTÉS DE L'ÉTHER,

PAR X. KRETZ,

Ingénieur en chef des Manufactures de l'État.

PARIS
GAUTHIER-VILLARS, IMPRIMEUR-LIBRAIRE
DE L'ÉCOLE POLYTECHNIQUE, DU BUREAU DES LONGITUDES,
Quai des Augustins, 55.

1875

MATIÈRE ET ÉTHER

CONSIDÉRATIONS PRÉLIMINAIRES.

1. *Exposé.* — De nombreux systèmes ont été imaginés, par les philosophes des diverses époques, dans le but d'expliquer l'ensemble des phénomènes du monde extérieur, à l'aide d'un nombre restreint d'*éléments*.

Depuis un certain nombre d'années, et surtout depuis la découverte des principes de la *thermodynamique*, les savants de tous les pays ont fait de grands efforts pour faire disparaître de la science la multiplicité des hypothèses faites antérieurement. Tandis que les uns ont pensé pouvoir réduire toutes les causes à une seule, la *matière en mouvement*, les autres ont insisté sur la nécessité d'admettre au moins deux principes essentiellement distincts : la *matière* et la *force*. Toutes ces doctrines ont été résumées et, pour la plupart, réfutées par une discussion philosophique minutieuse, dans un ouvrage de M. Hirn intitulé *Analyse élémentaire de l'univers*.

Quoi qu'il en soit de ces théories générales, il faut reconnaître que, dans l'état actuel, les ouvrages spéciaux relatifs aux sciences physiques ou mécaniques admettent trois ordres d'éléments : la *matière*, la *force* et les *fluides impondérables*, auxquels il faut ajouter encore les *mouvements antérieurs*, c'est-à-dire les mouvements que la matière pondérable ou impondérable possède de tout temps et qui peuvent se transformer, sans jamais s'éteindre.

On définit l'*élément matière* ou l'*atome* par deux propriétés essentielles : l'*impénétrabilité* et l'*inertie*.

La cause de tout changement de mouvement s'appelle *force*. On ne se préoccupe pas de la nature intime ni de l'origine de la *force;* on se contente d'en étudier les effets et les transformations. Toutefois, dans le langage scientifique, la *force* prend des dénominations spéciales, suivant les circonstances dans lesquelles elle se manifeste; c'est ainsi que l'on emploie, selon les cas, les expressions de *force moléculaire*, de *gravitation universelle*, etc.

Les *fluides impondérables* ne sont pas définis d'une manière précise ; on doit les considérer comme des composés hypothétiques d'une *matière spéciale*, distincte de la matière ordinaire, attendu que, comme celle-ci, elle est inerte, sans être pondérable comme elle, et de *forces* auxquelles on suppose certains modes particuliers d'action et de variation permettant de grouper et d'expliquer, par un seul ensemble d'hypothèses, toute une série de phénomènes qui paraissent se rattacher à une cause commune. Il résulte de là que les propriétés, que la constitution intime de ces fluides hypothétiques varient avec l'ordre des phénomènes qu'ils doivent expliquer, et l'on a créé ainsi un certain nombre de fluides impondérables, distincts en totalité ou en partie, auxquels on a donné les noms de fluides électrique, magnétique, calorifique, etc.

Aucun savant, il est vrai, n'accorde à ces fluides une existence réelle, et l'on admet généralement aujourd'hui qu'à leur action peut être substituée celle d'un fluide unique que l'on nomme *éther*. Quoiqu'on soit encore loin d'avoir établi, pour tous les ordres de phénomènes physiques, une théorie basée sur l'intervention de cet éther unique, on doit reconnaître que des progrès sérieux ont été réalisés et que, suivant toute apparence, cette voie pourra être féconde dans l'avenir.

Il importe de remarquer toutefois que l'hypothèse de l'*éther universel* manque de définition précise ; on s'accorde généralement à dire que l'éther est un fluide éminemment subtil qui remplit tout l'espace et pénètre dans l'intérieur des corps formés par le groupement des atomes; qu'il est composé de molécules impondérables, mais douées de la propriété de l'inertie. Pour les uns, ces molécules indépendantes les unes des autres sont animées, de tout temps, de vitesses considérables dans toutes les directions; pour les autres, elles sont tenues en corrélation par des forces moléculaires et ne peuvent exécuter que des mouvements vibratoires de faible amplitude.

Du reste, le rôle attribué à l'éther est loin d'être précisé, car on ne définit même pas son mode d'action sur la matière.

En résumé, les doctrines actuelles admettent généralement trois éléments : la *matière*, la *force* et l'*éther*, la constitution de ce dernier variant, du reste, suivant les systèmes. La matière et la force, telles qu'elles sont définies en dynamique, ne suffisant pas pour donner l'explication de tous les faits, on a été conduit à recourir à l'intervention de l'éther; mais on peut se demander si l'éther doit être d'une essence absolument distincte de celle des deux autres éléments, ou si l'hypothèse d'un éther ne renferme peut-être pas déjà en elle-même l'explication des forces de l'univers, telles que la gravitation, les forces moléculaires.

L'ensemble des hypothèses que je viens de résumer peut, malgré l'absence de définition en beaucoup de points essentiels, donner l'explication de certaines apparences, mais il ne se prête que bien imparfaitement aux théories qui doivent conduire à des résultats mesurables.

Il m'a semblé qu'il ne serait pas impossible d'introduire plus d'unité dans la doctrine, et en même temps de la présenter sous une forme précise permettant d'en faire la base de théories réellement scientifiques. Dans ce travail, j'ai principalement pour but d'indiquer la méthode qui me paraît devoir être suivie dans ces recherches, et de formuler certaines conditions générales auxquelles doit satisfaire toute hypothèse relative à la matière et à l'éther.

Dans la seconde partie, j'examine l'hypothèse d'un éther isotrope que l'on admet souvent aujourd'hui, sans avoir égard aux conditions qu'elle impose; j'indique en traits généraux quelques-uns des résultats qui me paraissent en découler quand elle est convenablement interprétée. Mais cette hypothèse ne peut être acceptée que si elle satisfait aux conditions générales établies dans la première partie.

J'énonce les problèmes auxquels conduit cette vérification, et dont la solution permettra de se prononcer sur la valeur du système. Ces questions présentent des difficultés sérieuses; elles sont, du reste, intéressantes en elles-mêmes et susceptibles, à d'autres points de vue, de nombreuses applications; leur solution ne serait donc pas sans utilité, lors même qu'elle démontrerait que l'hypothèse faite est inadmissible; dans le cas contraire, elle pourrait aider à établir les véritables bases d'une théorie de grande importance.

Enfin, dans un dernier chapitre, j'indique le principe des modifications qu'il me paraît nécessaire d'apporter à la théorie des corps élastiques homogènes pour la rendre applicable à l'éther.

CHAPITRE I

Indication d'une méthode pour établir les propriétés de l'éther.

2. *Principe de la méthode à suivre.* — Sans reproduire ici les considérations de toute nature qui justifient la supposition que je vais faire, considérations qui sont développées dans l'ouvrage de M. Hirn, cité plus haut, j'admets que le vide absolu ne peut pas exister autour de la matière; que l'univers comprend au moins deux éléments d'essence absolument distincte : la *matière* et le *milieu ambiant*, auquel je continuerai à donner le nom d'*éther*, sans faire, pour le moment,

aucune hypothèse sur sa constitution intime (1).

J'admets en outre que chaque élément matériel ou *atome* occupe un volume indéformable et impénétrable à ce milieu ; la distinction fondamentale entre les deux éléments constitutifs ne peut, en effet, consister qu'en ce que l'un n'existe pas, au même moment, là où se trouve l'autre. On ne doit donc pas supposer, ainsi qu'on le fait le plus souvent, que l'éther pénètre même dans le sein de l'atome ; mais il remplit tout l'espace extérieur à la matière, l'intervalle compris entre les atomes qui, par leur groupement, forment les molécules, aussi bien que l'intervalle compris entre les molécules dont l'assemblage forme les corps matériels.

(1) M. Hirn donne à ce milieu le nom d'*élément intermédiaire*. Voici comment ce savant résume son système :

« L'existence de deux éléments génériques complétement distincts de nature se révèle à nous comme à la fois nécessaire et suffisante pour l'interprétation de tous les phénomènes du monde physique :

« L'*élément matière*, soumis aux conditions finies de l'espace, c'est-à-dire subdivisé en atomes très-petits, mais non infiniment petits, immuables en grandeur et en masse ;

« L'*élément intermédiaire* ou *dynamique*, qui, au contraire, n'est pas soumis aux conditions finies de l'espace, c'est-à-dire qui s'y trouve partout. » (*Analyse élémentaire de l'univers*, page 305.)

La question que nous nous posons est de déterminer les propriétés dont doivent être doués ces deux éléments, *atome* et *éther*, pour conduire à l'explication des phénomènes constatés.

La méthode à suivre, à cet effet, doit consister à n'étudier d'abord que des faits simples, parfaitement connus, à ne supposer à la matière et à l'éther que les propriétés qu'il est strictement indispensable de leur attribuer pour expliquer ces faits, et à vérifier ensuite si ces propriétés sont suffisantes pour rendre compte de tous les phénomènes.

Telle n'est pas la méthode qui a été suivie jusqu'ici ; on s'est préoccupé, dans l'origine, d'assigner à l'éther des propriétés conduisant à l'explication de certaines apparences physiques ; aujourd'hui, on cherche à introduire la considération de l'éther dans les théories mécaniques, et l'on oublie que la science relative au mouvement de la matière a été établie indépendamment de toute hypothèse d'un milieu ambiant. Sans chercher à établir aucune corrélation entre des recherches faites d'après des vues totalement différentes, on se contente de juxtaposer l'hypothèse de l'éther aux théories mécaniques, sans s'inquiéter en rien des modifications qu'elle peut y apporter en principe. Aussi, lorsque l'on veut tenir compte de l'influence de l'éther sur les phénomènes dynamiques, rencontre-t-on, dans les questions les plus élémentaires, des difficultés insurmontables qui tiennent à la confusion et peut-être à l'incompatibilité des principes admis.

J'ai pensé que, au lieu de chercher à déterminer les propriétés de l'éther par l'étude de phénomènes complexes, tels que ceux de la lumière, phénomènes dont la définition dynamique est inconnue ou hypothétique, il serait plus rationnel de s'appuyer sur des faits mécaniques simples et parfaitement constatés. Parmi les faits auxquels nous pouvons avoir recours, il n'en est pas de mieux établis que ceux qui servent de base à la dynamique, lesquels offrent tout le degré de certitude auquel nous pouvons prétendre ; ils se trouvent contrôlés, en effet, non-seulement par des vérifications directes, mais surtout par l'exactitude de l'ensemble des conséquences qu'on en tire.

3. *Les principes fondamentaux de la mécanique tiennent compte des propriétés de l'éther.* — La dynamique repose sur des principes établis sans aucune hypothèse relative à l'existence de l'éther. Comme tous les corps de l'univers sont supposés plongés dans ce milieu, on conclut généralement que la dynamique ne peut pas donner les lois vraies du mouvement, à moins que l'on ne tienne encore un compte spécial de l'action de l'éther sur la matière ; c'est ainsi que l'on cherche souvent à déterminer les perturbations que l'éther peut apporter au mouvement des corps célestes Or, les divers phénomènes que l'on est conduit à attribuer à l'intervention de l'éther, tels que ceux relatifs à l'électricité atmosphérique, nous font penser que ce milieu est susceptible, dans beaucoup de circonstances, de développer

ou de transmettre des quantités d'action énormes; on est fondé à en conclure que les lois résultant de l'application des seuls principes de la dynamique devraient différer notablement des lois réelles du mouvement dans l'éther, ou que, du moins, les divergences devraient se constater facilement et sur beaucoup de points. Pourtant, jusqu'ici, rien n'autorise à croire que ces divergences existent; rien ne permet d'affirmer qu'il y ait le moindre écart entre les résultats de la théorie et les faits observés, soit dans les expériences terrestres que nous pouvons renouveler tous les jours, soit dans les phénomènes astronomiques qui s'accomplissent avec une régularité parfaite de toute éternité. Ces derniers surtout, par l'extrême précision des instruments de mesure, en présence de l'immensité des éléments à mesurer (temps ou longueurs), donnent des moyens de vérification offrant un degré de certitude que l'on ne peut trouver nulle part ailleurs.

En résumé, quoique la dynamique ne tienne explicitement aucun compte de l'existence de l'éther, l'expérience nous dit de considérer comme vrais les résultats de cette dynamique appliquée, sans aucune modification, aux corps plongés dans l'éther. Il est donc certain que, si au dehors de la matière il existe quelque chose ayant une action sur la matière en mouvement, les principes sur lesquels repose la dynamique tiennent compte de cette action, au moins en ce qui concerne les faits vérifiés, lesquels se produisent et s'observent dans le sein du milieu éthéré ; que dès lors ces principes renferment une hypothèse qui attribue à la matière une ou plusieurs propriétés appartenant essentiellement à l'éther. De là il faut conclure qu'il n'y a pas lieu de rechercher l'action que peut avoir l'éther sur les lois du mouvement établies d'après les principes de la dynamique; cette action doit être considérée comme *nulle*, puisqu'il en est déjà tenu compte dans l'établissement de ces lois.

On se trouve, à ce point de vue, dans le cas où se trouverait un observateur qui, ignorant qu'il existe une atmosphère, serait parvenu à établir des principes lui permettant de déterminer exactement les lois du mouvement des corps et qui aurait vérifié ces lois par des expériences de toute nature. Il est certain que ces principes supposeraient que la matière possède la propriété d'opposer au mouvement une certaine résistance équivalant à celle que l'air lui oppose réellement. Le jour où cet observateur reconnaîtra l'existence de l'atmosphère, les résultats fournis par sa théorie ne cesseront pas d'être exacts, au moins en ce qui concerne le mouvement de la matière, et il ne cherchera pas à ajouter à ses formules primitives un nouveau terme tenant compte de la résistance de l'air, qu'il avait déjà introduite à son insu. Mais il se dira que, si sa théorie lui permet toujours d'étudier les lois du mouvement propre des corps dans l'air, elle ne lui rend pas compte de tous les phénomènes qui accompagnent ce mouvement, et qu'il peut, en même temps, se produire des phénomènes intéressants, soit dans le sein du milieu, soit sur d'autres corps qui s'y trouvent plongés. Il attribuera naturellement ces phénomènes, extérieurs par rapport au corps en mouvement, à une action intermédiaire du milieu, et non à une propriété résidant dans le mobile même; il sera ainsi conduit à modifier les principes qu'il avait admis d'abord et à rechercher s'il peut arriver aux résultats vérifiés, en attribuant à la présence de l'air, en tout ou en partie, la propriété d'opposer une résistance au mouvement, propriété qu'il avait supposé d'abord résider dans le mobile.

On comprend, d'après ce qui précède, que la dynamique, telle qu'elle est établie, permette de trouver les lois du mouvement de l'atome dans l'éther, sans qu'il soit tenu compte de l'existence de celui-ci, qui doit alors être considéré comme n'ayant aucune action sur le mouvement; mais cette dynamique est impuissante à nous donner aucune indication sur l'état du milieu pendant le mouvement, et sur les phénomènes accessoires qui peuvent se produire en d'autres points. Pour arriver à la connaissance complète des faits, il est nécessaire de mettre en évidence le rôle de l'éther;

mais il est bien certain que, si l'hypothèse de l'existence et de l'action de l'éther est explicitement introduite, les propriétés de la matière elle-même ne resteront plus ce qu'on les suppose dans la dynamique actuelle.

4. *L'hypothèse d'un éther est inconciliable avec les propriétés que les principes de la dynamique attribuent à la matière.* — D'après ce qui a été dit plus haut, il faut remonter aux principes de la mécanique pour découvrir en quel point peut avoir été faite l'hypothèse qui attribue à la matière des propriétés appartenant à l'éther. Il est donc utile de rappeler en quelques mots la marche suivie dans l'établissement de cette science. Les principes sur lesquels elle s'appuie peuvent se ramener à trois, qui sont ceux :

1° De l'inertie de la matière;

2° De l'indépendance des effets des forces;

3° De l'égalité de l'action et de la réaction; ce dernier n'intervient pas, du reste, dans la dynamique du point matériel.

Ces principes sont considérés par les uns comme des vérités évidentes, comme des *axiomes*; par les autres comme des *résultats d'expérience*; par d'autres enfin comme de simples *hypothèses*, justifiées par les conséquences qu'on en tire. Cette divergence d'appréciation peut déjà faire penser que leur énoncé renferme quelque chose de discutable ; quoi qu'il en soit, une fois qu'on les a admis, on en tire, par des raisonnements aussi rigoureux que ceux de la géométrie, tous les théorèmes de la mécanique rationnelle, ce qui nous démontre que notre investigation peut se borner à ces principes.

De la loi de l'inertie et de celle de l'indépendance des effets des forces, on déduit la relation fondamentale

$$f = m\frac{dv}{dt} \quad \text{ou} \quad f = mj,$$

qui exprime la proportionnalité des forces et des accélérations $\frac{dv}{dt}$ ou j que celles-ci impriment à un même atome ; la constante m s'appelle la masse de l'atome. (Je ne veux point discuter ici la valeur des raisonnements que l'on fait ordinairement pour établir cette relation à l'aide des deux premiers principes ; je pense qu'il serait préférable de l'adopter *à priori* au même titre que l'on accepte la loi de l'inertie, à laquelle elle pourrait être substituée comme principe fondamental.)

Si une force $f = mj$ est nécessaire pour imprimer à un atome de masse m une accélération j, on peut dire que les conditions sont les mêmes que si l'atome opposait au mouvement une résistance mesurée par mj, la masse m jouant ainsi le rôle de coefficient de résistance au mouvement.

Il résulte des considérations exposées dans les paragraphes précédents, que toute hypothèse sur la matière et sur l'éther doit être telle que les lois du mouvement de la matière dans l'éther soient les mêmes que celles qui résultent, en dynamique, de l'application des principes qui viennent d'être rappelés.

Or, si l'on suppose, comme on le fait en dynamique, qu'une force mj est nécessaire pour imprimer une accélération j à une masse m supposée dégagée de tout milieu, il faut supposer, en outre, que le milieu dans lequel se fait le mouvement ne puisse jamais avoir aucune action sur celui-ci, sans quoi la force nécessaire pour imprimer l'accélération j ne serait plus mj, mais bien cette force combinée avec celle qui résulte de l'action de l'éther sur l'atome.

On a vainement essayé, dans les divers systèmes proposés, d'expliquer la non-action du milieu. Le fait que la vitesse de la lumière a une valeur finie, que, par suite, les actions ne se transmettent pas instantanément dans tout l'espace, démontre que l'éther, quelle que soit sa constitution, jouit d'une propriété analogue à celle que nous attribuons à la matière sous le nom d'*inertie;* or, il n'est pas possible de concevoir un milieu inerte n'ayant aucune action contre un corps qui est plongé dans ce milieu et qui part du repos pour se mettre en mouvement. Dire que cette action est très-faible, qu'elle est négligeable, et réduire ainsi la dynamique à une science par approximation, est une théorie inadmissible, ainsi que je l'ai dit plus haut. Du reste, si l'on réussissait à établir rigoureusement un tel système, on ne pourrait arriver en fait qu'à la dynamique actuelle, on ne verrait aucune corrélation entre l'éther et la matière, aucune ressource pour expliquer les faits en vue desquels on a précisément reconnu la nécessité de supposer un éther.

Il résulte de ces considérations que l'hypothèse qui attribue à la matière même, supposée placée dans le vide absolu, la propriété d'exiger l'application d'une force mj pour prendre l'accélération j ou, si l'on veut, la propriété d'opposer la résistance mj au mouvement, est inconciliable avec l'hypothèse d'un éther, et comme cette propriété découle essentiellement de la loi de l'inertie, on voit que celle-ci doit être modifiée du moment que l'existence d'un milieu est reconnue nécessaire.

5. *La matière n'est pas* inerte, *elle est* passive. — Au lieu de supposer, comme on le fait en

dynamique, que la matière oppose seule une résistance au mouvement, tandis que l'éther est sans action, double hypothèse que nous reconnaissons inadmissible, nous pourrions supposer que la force mj réellement exigée pour imprimer l'accélération j est la résultante de deux forces, l'une nécessaire pour donner ce mouvement dans le vide absolu, l'autre égale et contraire à la réaction du milieu contre le corps en mouvement. Mais une telle hypothèse qui attribue des propriétés communes à l'éther et à la matière, qui conduit, au fond, à regarder la masse réelle comme composée d'une masse pondérable et d'une masse impondérable, ne saurait être acceptée que s'il est bien constaté qu'elle ne peut pas être remplacée par une hypothèse plus simple, établissant une distinction radicale entre la matière et l'éther.

On peut remarquer, du reste, que, dans le système que j'écarte, il faudrait, tout en conservant à la matière la propriété de l'inertie, supposer à l'éther les mêmes propriétés que celles qu'il faut lui attribuer en admettant que la totalité de la force nécessaire pour imprimer une accélération provienne uniquement de la résistance du milieu. On n'arriverait donc ainsi qu'à compliquer l'hypothèse de conditions pour le moins inutiles, tout en y introduisant les difficultés contre lesquelles on lutte depuis longtemps sans succès, et que l'on rencontre pour expliquer comment des masses inertes peuvent être les unes impondérables, quand les autres sont pondérables.

Au lieu de recourir sans nécessité à une hypothèse aussi complexe, il semble bien plus logique de suivre la méthode exposée dans le § 2, qui consiste à n'attribuer à chaque élément que les propriétés strictement indispensables.

D'après ces considérations, on se trouve conduit à supposer que, si une action est nécessaire pour déplacer un atome, cela tient entièrement à la présence du milieu ; la matière doit alors être considérée non comme *inerte,* mais comme *passive;* si on la conçoit isolée de son milieu, elle ne peut pas évidemment se mettre en mouvement sans cause externe, mais on la déplace sans effort, et quand on l'abandonne à elle-même, elle reste où on l'a mise ; son *inertie* apparente est due uniquement à l'action de l'éther.

Le principe de l'inertie, qui paraît si évident quand on l'exprime sous cette forme : *Le point matériel ne peut ni prendre de mouvement, ni changer les conditions de son mouvement sans une cause externe nommée force*, ce principe, qui de prime abord paraît enlever toute capacité à la matière et en faire, comme disent certains auteurs, un élément *mort, inanimé*, renferme en réalité, dans sa seconde partie, une hypothèse qui attribue à la matière la propriété de rester en mouvement lorsque la cause du mouvement n'existe plus, qui lui accorde une puissance mystérieuse lui permettant, quand on veut la déplacer, de réagir avec une énergie variable ; de posséder, quand elle est en mouvement, quelque chose qui n'était pas en elle à l'état de repos ; d'emmagasiner et de restituer des actions antérieurement reçues. Toutes ces propriétés reposent incontestablement sur une hypothèse ; ne pas faire cette hypothèse, c'est admettre la *passivité*, qui désigne réellement l'absence de toute propriété.

6. *Conditions que doit remplir l'éther.* — D'après ces considérations, nous disons que la matière est essentiellement *passive;* l'atome ou élément matière n'a d'autre propriété que d'occuper un volume indéformable et imperméable à l'éther. Si, pour le mettre en mouvement dans ce milieu, il est nécessaire de lui appliquer une cause externe, que l'on appelle *force*, ce n'est pas parce qu'il existe en lui une puissance occulte, qui ne se manifeste qu'au moment même où l'on veut le déplacer, mais c'est parce que le milieu développe contre sa surface des actions de même nature que la force qu'il faut appliquer pour les vaincre à chaque instant. En continuant à appeler *force* la cause du mouvement de la matière dans l'éther, nous sommes donc conduits à admettre que, en dehors de la matière, dans l'éther, il existe ou il se développe par suite du mouvement, et par des causes

qui nous sont inconnues, des forces, pressions ou tractions, dont l'intensité varie avec les conditions du mouvement et avec un autre élément dépendant de l'atome même et jouant le rôle attribué en dynamique à la *masse* de celui-ci. On peut prévoir, d'après ces considérations, que la masse doit dépendre exclusivement des données définissant le milieu et des dimensions géométriques de l'atome, en sorte que les masses des divers atomes ne peuvent varier qu'avec ces dimensions.

La seule étude des principes de la dynamique nous conduit donc logiquement à la doctrine suivante :

1° L'élément matière supposé dégagé de l'éther est *passif;* il n'est pas *inerte.*

2° La seule propriété qu'il soit nécessaire d'attribuer à l'éther pour expliquer les faits dynamiques est que, dans ce milieu, il existe ou il se développe, par suite du mouvement de l'atome, des forces, pressions ou tractions, dont l'intensité est variable suivant certaines lois qu'il reste à déterminer et qui sont soumises aux conditions que nous allons indiquer.

Le mode de variation des forces dans l'éther doit être tel que les lois fondamentales de la mécanique soient vérifiées :

1° La première de ces lois, qui est implicitement comprise dans les autres, mais qu'il est utile de mettre en évidence, est que, si l'on suppose un atome isolé dans l'espace, toutes les circonstances de son mouvement sont indépendantes de toute condition de lieu et d'orientation ; il en résulte que, quel que soit le point de l'espace où se trouve l'atome, quelle que soit la direction de son mouvement, tous les phénomènes, dans l'éther, doivent être les mêmes par rapport à ce point et à cette direction ; ceci implique que la constitution du milieu est la même partout. Nous conviendrons de caractériser cette propriété, en disant que l'*éther à l'état libre* est homogène dans toutes les directions, l'état libre désignant ainsi l'état fictif dans lequel se trouverait le milieu s'il ne renfermait aucun élément matériel.

2° La loi de l'indépendance des effets des forces doit être vérifiée, d'où l'on conclut que, en chaque point, à chaque instant, et pour toute direction, la résultante des pressions de l'éther dues à l'action individuelle de plusieurs forces agissant sur l'atome doit être égale à la pression due à la résultante de ces forces.

3° Lorsqu'un atome passif, isolé dans l'éther primitivement à l'état libre, est animé, par une cause quelconque supposée étrangère au milieu, d'un mouvement rectiligne, son accélération est à chaque instant proportionnelle à la résultante des pressions de l'éther qui agissent contre sa surface, car cette résultante est égale et directement opposée à la force qu'il est nécessaire d'appliquer à l'atome pour lui imprimer cette accélération, force qui, d'après les principes de la dynamique, est mj.

4° Le principe de l'égalité de l'action et de la réaction, qui est évident lorsqu'il s'agit de forces appliquées à deux points en contact, ne peut pas être considéré comme un axiome quand on l'étend aux actions mutuelles de deux atomes placés à une certaine distance. Si donc on arrive à exprimer directement les actions de deux atomes l'un sur l'autre, on pourra poser, comme nouvelle condition, que le principe de l'égalité d'action et de réaction soit vérifié.

Telles sont les conditions essentielles auxquelles doit satisfaire toute hypothèse rationnelle sur la constitution de l'éther et de la matière.

Le système auquel on se trouve ainsi conduit revient à supposer que les forces d'inertie, qui sont considérées en dynamique comme des forces fictives, non appliquées au mobile, aient une existence réelle et ne soient autre chose que les résultantes des réactions de l'éther contre le corps en mouvement. *Le problème de la constitution de l'éther revient à déterminer un milieu tel que les résultantes des réactions qu'il oppose à l'atome passif en mouvement soient égales aux forces d'inertie considérées en dynamique.*

Il est utile de rappeler ici que, en employant l'expression de *constitution de l'éther*, je n'entends nullement supposer à ce milieu une constitution analogue à celle des corps matériels. Ainsi que je l'ai exposé plus haut, ce que nous appelons *éther* ne se manifeste, dans les phénomènes dynamiques, que sous apparence de forces extérieures aux atomes ; nous pouvons donc, sans nous préoccuper de l'origine de ces forces qui restera toujours un mystère pour nous, ni de la nature du milieu dans lequel elles se développent, nous borner à en rechercher les lois de variation dans des circonstances définies. Le problème revient à trouver, à l'aide des conditions établies plus haut, les intensités des forces en un point quelconque de l'espace et à un instant quelconque, en supposant d'abord qu'il n'existe qu'un seul atome à l'état de repos ou de mouvement. Je reviendrai sur ce sujet dans le dernier chapitre.

Au point de vue philosophique, cette doctrine, qui enlève toute propriété commune aux éléments constitutifs, qui supprime, dans la notion de matière, l'idée de force implicitement renfermée dans celle d'inertie, cette doctrine, dis-je, paraît au moins aussi satisfaisante que celle qui sert aujourd'hui de base à la mécanique. Elle fait disparaître les anomalies et les impossibilités que présente l'ensemble des théories actuelles; elle a de plus l'avantage, tout en conservant entièrement les résultats de la dynamique, d'établir, sans nouvelle hypothèse, un lien entre le mouvement de la matière et les phénomènes extérieurs corrélatifs ; elle nous fait entrevoir ainsi la possibilité d'arriver, en la prenant pour base, à des résultats nouveaux et importants.

Je pense que, si les raisonnements sur lesquels je me suis appuyé pour arriver à formuler le système ne sont pas jugés concluants, cette dernière considération paraîtra suffisante pour encourager des tentatives dans la voie indiquée.

CHAPITRE II

Hypothèses sur la constitution de l'éther.

7. *Indication d'une autre méthode.*— Après avoir indiqué le principe de la méthode directe qui me paraît propre à conduire à la détermination des propriétés de l'éther, je crois devoir en indiquer une autre qui, si elle n'est pas de nature à donner une solution complète, pourra du moins fournir des indications utiles sur la marche qu'il convient de suivre dans ce genre de recherches. Cette méthode consiste à établir directement par un raisonnement qui, sans être à l'abri de toute contes-

tation, s'appuie du moins sur des considérations logiques, une hypothèse définissant complétement la constitution de l'éther, et à examiner ensuite si cette hypothèse vérifie les conditions essentielles qui viennent d'être posées.

Des phénomènes de nature diverse peuvent donner des indications sur le mode de variation des forces qui agissent sur la matière; en restant dans le domaine des faits mécaniques, on peut remarquer que l'élasticité des corps qui sont formés par le groupement d'atomes indéformables n'est explicable que par une propriété correspondante du milieu. Comme celui-ci doit être de constitution homogène, ainsi que cela a été dit ci-dessus, on peut en conclure que l'éther, à l'état libre, se comporte, quant à son mode d'action sur la matière, comme un milieu homogène isotrope, c'est-à-dire d'élasticité constante en tous les points et dans toutes les directions.

Enfin, le fait que les actions élastiques ne se transmettent pas dans l'éther avec une vitesse infinie démontre que le mode de propagation est analogue à celui que l'on observe dans un milieu inerte.

Il est naturel, d'après ces considérations, de supposer que le mode d'action de l'éther sur la matière est le même que celui qui résulterait de la présence d'un milieu inerte, homogène et isotrope ; ces conditions définissent entièrement la constitution du milieu.

8. *Hypothèse d'un éther homogène isotrope.* — L'ensemble du système auquel on se trouve ainsi conduit peut se formuler comme suit :

1° L'espace est rempli par un milieu inerte qui est homogène et isotrope dans son état libre, c'est-à-dire quand aucune pression extérieure n'agit sur lui et en supposant qu'aucun élément de matière ne s'y trouve plongé (1).

2° Chaque atome occupe un volume impénétrable à ce milieu et est essentiellement *passif*.

La première partie de cette hypothèse est faite

(1) Il importe de remarquer que les faibles déformations d'un tel milieu sont analogues à celles des solides élastiques.

d'une manière plus ou moins explicite dans la plupart des théories partielles que l'on a basées sur la considération de l'éther ; mais on n'y a jamais ajouté, à ma connaissance du moins, la condition corrélative de la *passivité* de la matière, ni les autres conditions générales qui servent de moyen de vérification. Il est possible que l'hypothèse de l'isotropie doive être modifiée, mais on a vu, § 5, que celle de la *passivité* de la matière doit être la base fondamentale de tout système rationnel admettant l'existence d'un élément extérieur à la matière.

Quel que soit le degré de rigueur qu'on accorde aux considérations qui ont conduit à l'établissement de l'hypothèse que j'examine, celle-ci ne peut avoir aucune valeur scientifique tant qu'elle n'aura pas été vérifiée dans ses points essentiels. La méthode de vérification a été exposée au § 6 ; son application au cas actuel présente des difficultés sérieuses ; je me bornerai, dans le présent travail, à formuler les problèmes que soulève cette vérification ; les considérations que j'aurai à exposer à cet égard seront peut-être de nature à mieux faire comprendre le sens qu'il faut attacher à l'hypothèse, et à faire entrevoir quelques-unes des conséquences importantes qui en découleraient si elle était reconnue admissible, en tout ou en partie.

9. *Quantités qui définissent l'éther isotrope.* — L'éther étant assimilé à un milieu homogène et inerte, la théorie de l'élasticité, telle qu'elle a été établie, lui est applicable ; toutes les questions du mouvement de la matière sont donc ramenées à l'étude des déformations élastiques du milieu, dans des conditions définies, et tous les résultats doivent s'exprimer en fonctions des données spéciales à chaque cas et des constantes qui déterminent la constitution du milieu élastique.

Au point de vue de la théorie de l'élasticité, un corps isotrope est défini par sa densité ρ et par deux coefficients λ et μ (notations de Lamé) ; dans certaines questions particulières, il peut être nécessaire d'ajouter à ces données l'écartement des atomes à l'état naturel, quelquefois aussi le rayon de ces atomes ; mais les équations générales de l'élasticité ne renferment que les quantités

$$\lambda, \mu \quad \text{et} \quad \rho.$$

Peut-être pensera-t-on que, dans le genre de questions que nous traitons ici, la densité ρ ne présente pas à l'esprit une idée bien satisfaisante. Je remarquerai à ce sujet que, si l'on désigne par Ω la vitesse de propagation des ondes planes à vibrations normales au plan de l'onde, par ω celle des ondes à vibrations parallèles à l'onde, on a les relations

$$\Omega^2 = \frac{\lambda + 2\mu}{\rho},$$

$$\omega^2 = \frac{\mu}{\rho},$$

en sorte que la connaissance de ρ peut être remplacée par celle de l'une ou de l'autre de ces deux vitesses. Du reste, dans le cas des corps homogènes isotropes, on peut, d'après M. de Saint-Venant, faire

$$\lambda = \mu,$$

en sorte que le milieu est déterminé par un coefficient μ, ou, si l'on veut, par son coefficient d'élasticité E, et par l'une des vitesses de propagation des ondes ; on peut donc dire que l'éther est un milieu dont le coefficient d'élasticité E est donné, et dans lequel les actions élastiques se transmettent avec une vitesse V constante dans toutes les directions. Cette transformation permet d'écarter la notion explicite de la masse et de la densité, qui ne présente pas à l'esprit une idée claire et élémentaire, et de la remplacer par la notion de vitesse de propagation des ondes, que les phénomènes observables à la surface des eaux rendent peut-être plus compréhensible.

Les pressions de l'éther, en un point quelconque, s'expriment donc en fonctions des données de la question et des constantes E et V. L'hypothèse de l'isotropie et de l'inertie de l'éther contient ainsi, en réalité, une hypothèse particulière sur l'existence et le mode de variation et de transmission des forces, en dehors de la matière ; elle a l'avantage de présenter ce mode de variation sous une forme simple, de ramener les calculs à l'application de formules déjà établies, et, en nous faisant concevoir l'éther sous une forme pour ainsi dire matérielle, de nous permettre une représentation physique des phénomènes. C'est pour ces motifs qu'il me paraît utile d'en examiner les conséquences avec quelques détails.

10. *Influence de la présence de la matière dans l'éther.* — J'ai défini l'éther à l'état libre ; il n'existe alors aucune tension en aucun point de l'espace ; je vais examiner maintenant les modifications qui doivent résulter de l'existence d'un atome au sein de cet éther.

Je suppose l'atome sphérique ; il n'y a pas lieu de renoncer à cette hypothèse, tant que la nécessité d'admettre des formes différentes ne sera pas reconnue ; il est probable, du reste, que les faits de nature à faire attribuer aux atomes une forme polyédrique pourront s'expliquer par le groupement des atomes sphériques en molécules ou en systèmes à configuration polyédrique.

Les phénomènes que nous pouvons observer tous les jours nous font reconnaître que, lorsqu'un corps change de place, il ne laisse pas de traces durables aux diverses positions qu'il a occupées. On doit donc admettre que l'état de l'éther, autour d'un atome supposé isolé dans l'éther primitivement libre, est tel que, si l'atome disparaît, s'il est transporté à une distance infinie de sa première position, l'éther vient remplir le volume d'abord occupé par l'atome et s'y trouve à l'état libre quand les vibrations, s'il s'en est produit, se trouvent éteintes. Il résulte de là que l'éther n'est pas à l'état libre autour de l'atome, qu'il existe nécessairement, sur la surface de celui-ci, certaines tensions capables de ramener le milieu à l'état naturel dans l'espace actuellement occupé par l'atome.

Si donc on connaît le rayon α de l'atome, on connaîtra les déplacements des points actuellement situés sur la surface de celui-ci, et on pourra déterminer par suite toutes les circonstances de la déformation.

Peut-être se rendra-t-on mieux compte de celle-ci, si l'on remarque qu'elle peut être obtenue en supposant que, au point occupé par le centre de l'atome, on ait fait naître et grandir, dans le sein du milieu élastique, et avec une lenteur infinie, une sphère imperméable jusqu'à ce que son rayon fût devenu égal à celui de l'atome.

Le problème à résoudre pour connaître l'influence, sur le milieu, de la présence d'un atome, peut donc se formuler comme suit :

I. *Une sphère de rayon α se trouve logée dans un milieu homogène isotrope primitivement à l'état libre; quelles sont les tensions en un point quelconque du milieu?*

La solution de cette question ne présente aucune difficulté, si l'on suppose que le diamètre 2α de la sphère diffère très-peu de l'écartement 2δ des atomes du milieu à l'état libre. En effet, si nous considérons un élément de volume compris entre deux sphères concentriques à la sphère donnée, deux méridiens voisins et les surfaces de deux cônes de révolution autour de l'axe de ceux-ci, et que nous représentions par

r la distance du point considéré au centre ;

R_1 la tension par unité de surface agissant normalement à l'élément de surface sphérique, c'est-à-dire la tension suivant le rayon ;

Φ_2 la tension normale au cône de latitude ;

Ψ_3 la tension normale au méridien ;

u le déplacement du point considéré, suivant le rayon,

nous trouvons, à l'aide des formules ou coordonnées sphériques de Lamé, les valeurs suivantes:

$$u = \frac{b}{r^2};$$

$$R_1 = -\frac{4\mu b}{r^3};$$

$$\Phi_2 = 2\mu\frac{b}{r^3};$$

$$\Psi_3 = 2\mu\frac{b}{r^3}.$$

Dans ces expressions, les valeurs positives des forces répondent à des tractions et les valeurs négatives à des compressions.

Toutes les composantes tangentielles sur les diverses faces sont nulles.

La constante b se détermine par la condition que le point primitivement situé à une distance $r = \delta$ du centre se trouve actuellement sur la sphère de rayon α, et la première équation donne

$$\alpha - \delta = \frac{b}{\delta^2},$$

d'où

$$b = (\alpha - \delta)\,\delta^2.$$

Je ne discuterai point ici ces résultats ; je me borne à faire remarquer que, sans aucune hypothèse sur l'existence de forces attractives ou répulsives entre l'éther et la matière, on arrive à cette conséquence que le milieu forme autour de l'atome une sorte d'atmosphère composée de couches concentriques d'égale pression, cette pression décroissant rapidement à mesure que l'on s'éloigne de l'atome ; comme l'atmosphère se forme dans toutes les positions de repos qu'occupe l'atome, elle semble, jusqu'à un certain point, faire partie constitutive de celui-ci.

On voit, en outre, que l'existence d'un atome au sein de l'éther implique un travail antérieurement développé pour l'introduction de l'atome dans le milieu ; ce travail, dont il est facile de calculer la valeur, se trouve, pour ainsi dire, localisé autour de l'atome par l'état de tension du milieu. L'existence de ce travail ainsi emmagasiné autour de l'atome, et qui reprend la même valeur, quel que soit l'emplacement, lorsque les conditions sont redevenues les mêmes, mais qui est nécessairement variable avec l'état de tension initiale de l'éther, fait déjà concevoir la possibilité de l'action d'un atome sur un autre ; je reviendrai encore sur ce sujet dans le n° 13.

11. *Mouvement d'un atome dans l'éther.* — J'ai indiqué, § 6, les conditions auxquelles doit satisfaire toute hypothèse sur l'éther. La première est ici admise directement ; je n'ai rien à ajouter au sujet de la deuxième, qui se rapporte à l'indépendance des effets des forces ; quant à la troisième, elle conduit au problème suivant :

II. *Une sphère de rayon très-petit et passive se meut en ligne droite, avec une vitesse variable donnée dans un milieu isotrope primitivement à l'état libre, et par une cause étrangère à ce milieu; quelles sont, à chaque instant, les pressions aux divers points du milieu et notamment sur la surface de la sphère?*

Il est évident que, pour que le mouvement supposé ait lieu effectivement, il faut que la sphère soit sollicitée à chaque instant par une force égale et directement opposée à la résultante des pressions du milieu sur la surface de la sphère. Cette résultante doit donc être égale à l'accélération multipliée par une constante relative à la sphère et que l'on nomme la *masse*.

On peut remarquer à ce sujet que, si la masse d'un atome est constante, dans toutes les conditions, elle ne peut, dans notre hypothèse, dépendre que des données géométriques de l'atome, c'est-à-dire de son rayon α et des constantes de l'éther E, V, et peut-être de l'élément linéaire δ (§ 9); on trouve alors, par de simples considérations d'homogénéité, qu'elle est de la forme

$$C \frac{E s^3}{V^2},$$

C étant une constante numérique et s une combinaison linéaire de α et de δ.

Il est utile de rappeler que la vérification essentielle du système examiné dépend de la solution du problème qui est énoncé dans ce paragraphe. Je dois faire remarquer toutefois que, en appliquant la théorie de l'élasticité telle qu'elle est établie, nous supposons implicitement le milieu composé d'atomes qui se déplacent les uns par rapport aux autres; nous introduisons ainsi des mouvements vibratoires qui peuvent ne pas exister dans l'éther. Je reviendrai sur ces considérations dans le § 15; je me bornerai à faire observer ici que, d'après la manière même dont l'hypothèse est appliquée, il est possible que la résultante des réactions de l'éther, telle qu'elle sera donnée par la solution du problème posé ci-dessus, n'ait pas, à chaque instant, la valeur voulue mj, mais qu'elle oscille périodiquement au-dessus et au-dessous de cette valeur.

12. *Action mutuelle de deux atomes plongés dans l'éther.* — La vérification du principe de l'égalité de l'action et de la réaction conduit à traiter une question très-intéressante.

Il résulte des considérations exposées dans le § 10 que, lorsqu'un atome est isolé dans l'éther, il reçoit, sur tous les points de sa surface, des pressions normales, et que l'éther se dispose autour de lui par couches concentriques d'égale pression qui s'étendent à l'infini. Si, sur un autre point de l'espace, on provoque, par un moyen quelconque, une modification de l'état actuel de l'éther, un nouvel état d'équilibre tendra à s'établir, et, à moins que la perturbation produite ne soit également répartie sur des sphères concentriques à l'atome, les pressions sur la surface de celui-ci ne se feront plus équilibre, en sorte qu'il se mettra en mouvement. En particulier, si un atome est actuellement isolé dans l'éther en un point A, et qu'en un autre point B on fasse naître un second atome, il se formera autour de celui-ci une atmosphère qui troublera l'état de la première. Il paraît donc certain que, à moins de conditions spéciales, l'équilibre des pressions sur le premier atome ne pourra pas se maintenir ; par raison de symétrie, la résultante de ces actions sera dirigée suivant AB, et l'effet de l'existence simultanée de deux atomes sera une attraction ou une répulsion suivant la ligne qui les joint.

Ainsi se présente le problème suivant :

III. *Dans un milieu isotrope, primitivement à l'état libre* (plus généralement, *dont l'état initial est déterminé*), *sont logées deux sphères A et B, maintenues en place par des actions extérieures au milieu ; quelles sont les conditions d'équilibre du milieu, les tensions aux divers points, et spécialement les résultantes des pressions sur les deux sphères ?*

La solution de ce problème devra nous donner la vérification du principe de l'égalité de l'action et de la réaction ; elle fera connaître également la valeur de l'action mutuelle des deux atomes.

13. *Forces répulsives.* — Si l'on considère deux atomes qui, placés à une certaine distance l'un de l'autre, restent en équilibre quand on les abandonne à eux-mêmes, la force totale qui agit sur chacun d'eux est nulle. On dit ordinairement que l'action mutuelle des deux atomes est alors composée de deux forces, l'une *attractive*, l'autre *répulsive*, qui sont égales et opposées ; mais il est évident que cette décomposition peut se faire d'une infinité de manières, et qu'elle n'est définie que si l'on précise au moins le mode de variation de l'une des deux forces. Si nous appelons *force attractive* la composante de l'action mutuelle qui est uniquement fonction de la distance des atomes et indépendante de toute autre condition, telle que l'état calorifique ou électrique, la *force répulsive* sera nécessairement fonction de ces derniers éléments ; c'est ce que l'on exprime généralement en disant que la force totale que l'un des atomes reçoit de l'autre est la résultante de deux forces, la gravitation mutuelle de ces deux atomes et leur répulsion mutuelle due à la chaleur. Cette manière simple d'envisager l'action des éléments matériels les uns sur les autres a été exposée par Poncelet dans un beau chapitre de l'*Introduction à la mécanique industrielle* (notions préliminaires sur la structure des corps et sur les forces qui animent les molécules).

Si nous revenons à l'hypothèse de l'éther, l'attraction, ainsi qu'elle vient d'être définie, ne dépendant que de la distance des deux atomes, doit être indépendante des conditions initiales de l'éther, et par suite sa valeur, pour une distance donnée, doit être égale à l'action mutuelle de deux atomes placés à cette distance dans l'éther libre, § 12. Le fait seul de l'existence, dans l'éther, de deux atomes en deux points différents, implique donc leur attraction ; il faut, par suite, qu'il existe une cause antagoniste pour empêcher la concentration, en un seul point, de toute la matière de l'univers.

On peut remarquer à ce sujet que si l'on considère, dans l'éther libre, deux atomes, qui, d'abord maintenus en repos, sont ensuite abandonnés à eux-mêmes, ils prendront des vitesses croissantes, et le travail qui était localisé autour d'eux à l'état statique diminuera d'une quantité équivalente à ce que nous appelons en mécanique la *force vive* des atomes ; cette dernière quantité de travail existera toujours dans l'éther sous une forme particulière, et lorsque les deux atomes se rencontreront ou lorsque, par une raison quelconque, leur vitesse sera annulée, elle devra se manifester par des phénomènes spéciaux et se dégager, pour ainsi dire, de l'atmosphère des atomes dont elle ne fait plus partie intégrante. Nous sommes là en présence d'un ordre de faits qui se produisent dans les circonstances mêmes où se produit la chaleur, et qui, en outre, rendent disponible du travail primitivement localisé. Il est donc permis d'espérer que l'on peut y trouver la cause antagoniste à l'attraction.

14. *Indication générale du rôle de l'éther isotrope.* — Je ne chercherai point ici à appliquer l'hypothèse proposée à l'explication de divers ordres de phénomènes physiques ; une pareille tentative est sans intérêt sérieux, tant que les questions fondamentales que j'ai énoncées ne seront pas résolues et n'auront pas fourni les vérifications indispensables. Le seul but que j'aie eu en vue, dans ce travail, a été d'indiquer une méthode permettant d'établir les véritables bases de la théorie générale, ou du moins de contrôler les hypothèses proposées. Lorsque l'on sera parvenu ainsi à établir rigoureusement les principes, les explications de tous les phénomènes devront découler de théorèmes scientifiquement démontrés. Je me bornerai donc, non pas à affirmer des résultats que le calcul seul pourra démontrer plus tard, mais à donner un aperçu général de la manière dont l'hypothèse d'un éther isotrope peut nous faire concevoir l'univers.

L'élément matériel est passif; un atome ne diffère d'un autre atome que par les dimensions géométriques. Toute cause de résistance au mouvement, de même que toute cause de mouvement, réside en dehors de la matière, dans l'éther. L'hypothèse d'un éther isotrope, en précisant le mode de variation de ces forces, doit, si elle est exacte, être suffisante pour conduire à la théorie de tous les phénomènes. L'existence de chaque atome dans l'éther implique un travail antérieurement développé et qui subsiste dans l'éther ; toute la matière de l'univers représente une quantité de travail primitivement introduite et éternellement invariable ; la répartition de ce travail dépend de l'emplacement et des conditions de mouvement de la matière à chaque instant. A mesure que, sous l'influence de l'attraction, certains atomes se rapprochent ou se rencontrent, une partie du travail emmagasiné autour d'eux devient libre, et, venant lutter contre l'attraction, permet aux états d'équilibre de s'établir. Ces modifications dans les travaux, toujours provoquées par l'éther, qui agit comme cause unique, sont accompagnées de variations plus ou moins rapides dans les tensions de l'éther et se manifestent à nous sous forme de phénomènes dynamiques, calorifiques, lumineux, électriques, etc., correspondant chacun à un genre spécial de modification.

15. *Objection contre l'hypothèse d'un éther isotrope.* — L'hypothèse d'un éther homogène isotrope présente de prime abord un caractère assez séduisant ; elle paraît du reste établie sur des considérations plausibles ; mais le calcul seul pourra indiquer si elle est admissible, en totalité ou en partie. Malheureusement, les divers problèmes qu'il est nécessaire de résoudre à cet effet présentent des difficultés qu'il ne m'a pas été possible de surmonter. Toutefois, en l'absence de ces résultats, je crois utile de présenter encore quelques observations ; elles seront peut-être de nature à fournir des indications sur la véritable voie qui doit être suivie dans ces recherches.

En assimilant les propriétés de l'éther à celles des corps matériels, en cherchant ainsi à constituer un élément spécial à l'aide d'éléments d'espèce totalement distincte, on est exposé à attribuer à l'éther, outre les propriétés qu'il possède réellement, d'autres propriétés qui lui sont totalement étrangères. En employant cette méthode, notre esprit est porté à concevoir ce milieu comme un ensemble d'atomes ou de points pouvant se déplacer les uns par rapport aux autres. Du reste, la théorie de l'élasticité, à laquelle nous avons recours, repose elle-même sur cette supposition, puisqu'elle admet en principe que les forces élastiques sont fonctions de la distance primitive des molécules et de leur déplacement relatif.

L'hypothèse de l'isotropie, telle que nous avons essayé de l'appliquer, conduirait donc à nous faire concevoir l'éther sous l'aspect d'un milieu formé de points ou d'atomes inertes entre lesquels se manifestent des forces intérieures. Or, il paraît aussi difficile d'expliquer l'action d'une molécule d'éther sur sa voisine que de trouver les causes de la pesanteur ou de l'attraction universelle ; de même que l'éther remplit l'intervalle compris entre les atomes matériels, il faudrait supposer un nouvel éther remplissant les pores du premier, et ainsi de suite à l'infini ; l'inertie d'un atome d'éther n'est pas moins mystérieuse que l'inertie d'un atome matériel ; en un mot, quoique le fait de diminuer le nombre des hypothèses antérieures, de reporter toutes les difficultés sur un principe unique, constitue un progrès réel, il faut bien reconnaître que le système, tel que nous l'avons formulé, n'est pas satisfaisant au point de vue philosophique.

On peut répondre, il est vrai, que les problèmes que nous avons à résoudre par l'emploi des équations relatives aux corps élastiques reviennent toujours à calculer des tensions, et non des déplacements de molécules ; par suite, quoique les équations générales de l'élasticité renferment les déplacements des points du milieu, ces quantités ne jouent qu'un rôle d'auxiliaires et se trouvent totalement éliminées des résultats finaux. Il n'est donc pas nécessaire, dans la définition de l'éther, d'introduire la notion de ces déplacements qui ne sont que fictifs et qui, dans la théorie même de l'élasticité, doivent toujours être considérés comme extrêmement petits, pour que les formules de celle-ci soient applicables ; il suffit de supposer l'éther constitué de telle manière que les pressions aux divers points considérés comme fixes varient d'après les mêmes lois que si des déformations très-faibles se produisaient réellement, sans pour cela faire aucune autre hypothèse sur sa constitution intime. C'est, du reste, sous cette réserve que nous avons admis l'hypothèse de l'isotropie, § 7, en la considérant simplement comme une hypothèse particulière sur le mode de variation des forces qui agissent sur la matière.

Quoi qu'il en soit, l'introduction dans les calculs de quantités auxiliaires qui disparaissent des résultats finaux peut compliquer les formules de solutions que la question ne comporte pas ; elle n'est pas justifiable dans l'établissement d'une théorie fondamentale telle que celle dont nous nous occupons ici ; enfin, on peut prévoir que la prise en considération de telles quantités n'est pas indispensable, surtout lorsque ces quantités n'ont qu'une existence fictive ; dès lors, il y a lieu de chercher à s'en dispenser.

En résumé, nous reconnaissons, sans qu'il soit nécessaire de connaître la solution des problèmes que nous avons posés, que l'application de la théorie de l'élasticité à l'hypothèse d'un éther isotrope présente des difficultés graves provenant de ce que, dans cette théorie, on suppose les points du milieu mobiles les uns par rapport aux autres. Malgré ces inconvénients, que nous aurions pu signaler *a priori*, nous avons cru utile d'examiner en détail l'hypothèse de l'isotropie, parce qu'elle est souvent admise aujourd'hui, et surtout parce que cette étude peut nous fournir des renseignements utiles pour arriver à la véritable solution. Il est possible que les phénomènes des corps élastiques soient plus complexes que ceux de l'éther, mais les analogies qui existent font penser que la marche à suivre pour déterminer les propriétés de l'éther, par la méthode directe indiquée dans la première partie, doit se rapprocher de celle qui a servi pour l'établissement de la théorie de l'élasticité.

CHAPITRE III

Indications relatives à l'établissement de la théorie mathématique de l'éther.

16. *Marche suivie dans la théorie de l'élasticité.* — Nous allons comparer la marche suivie dans l'établissement de la théorie générale de l'élasticité avec celle qui peut résulter de la mise en équations des conditions auxquelles doit satisfaire l'éther, conditions que nous avons fait connaître dans le § 6.

On exprime l'équilibre d'une portion quelconque du milieu par des considérations qui ne nécessitent aucune hypothèse sur la constitution de celui-ci ; par suite, les équations données à ce sujet dans la théorie de l'élasticité sont également applicables à l'éther. On sait que l'on trouve ainsi trois équations aux différences partielles du premier ordre, renfermant les composantes, suivant trois axes, des forces élastiques agissant sur les faces d'un élément parallélipipédique du milieu; ces composantes se réduisent à six distinctes, qui sont fonctions des trois coordonnées du point considéré.

On établit, en outre, en exprimant l'équilibre du tétraèdre élémentaire, trois autres relations entre ces composantes et celles qui correspondent à une face ayant une inclinaison donnée ; ces relations fournissent les équations à la surface, et de plus indiquent comment varient les forces élastiques en un même point du milieu.

Ainsi que je l'ai dit plus haut, toutes ces relations sont indépendantes de la constitution du milieu ; mais, pour que les six fonctions qui représentent les composantes des forces élastiques puissent être déterminées, il faut nécessairement qu'elles soient exprimables à l'aide de trois fonctions seulement; pour arriver à ces expressions, il devient indispensable de faire intervenir les conditions spéciales du milieu considéré.

Quand il s'agit de corps élastiques, on s'appuie sur ce principe que les forces élastiques et les déplacements moléculaires sont dans une dépendance mutuelle; que les composantes des pressions suivant trois axes sont, en chaque point, fonctions linéaires des *dilatations* et des *glissements* parallèles à ces trois axes. On arrive ainsi à exprimer les six composantes en fonction des dérivées des trois déplacements ; ces six équations renferment un certain nombre de coefficients qui, dans le cas des corps isotropes, se réduisent à deux, d'après Lamé, à un seul, d'après M. de Saint-Venant. Les valeurs de ces composantes doivent vérifier les trois équations aux différences partielles du premier ordre déduites de l'équilibre du parallélipipède élémentaire. L'ensemble de ces équations constitue les relations fondamentales de la théorie des corps isotropes en équilibre.

Pour obtenir les équations qui conviennent au cas où le corps vibre ou se déforme, il suffit d'introduire les forces d'inertie dans les équations relatives à l'équilibre.

17. *Marche à suivre dans la théorie de l'éther.* — Si maintenant nous revenons à l'éther, nous ne pouvons plus ni nous appuyer sur les relations entre les forces élastiques et les déplacements, ni, pour les cas de mouvement, faire intervenir les forces d'inertie de l'éther ; nous n'avons, en effet, pas le droit de nous servir des principes de la dynamique, qui reposent directement sur la notion de l'inertie, que nous n'avons pas définie pour l'éther. Nous devons substituer à ces divers genres de considérations les données directes que nous possédons sur les propriétés du milieu.

Sans nous demander si l'éther est composé d'atomes ou de points pouvant se déplacer les uns par rapport aux autres, nous pouvons toujours nous poser la question de déterminer, pour un point quelconque considéré comme fixe dans l'espace, la valeur des tensions à un instant quelconque et dans des circonstances définies. Il paraît certain, du reste, ainsi que M. Hirn l'a fait remarquer dans son *Analyse élémentaire de l'univers*, que tous les phénomènes expliqués, dans les théories actuelles, par les mouvements vibratoires des molécules d'éther, s'expliqueront aussi facilement par les oscillations de la valeur des pressions en des points fixes ; il n'est donc pas nécessaire, à ce point de vue, de supposer le milieu déformable.

Les conditions dont nous disposons pour exprimer, à l'aide de trois fonctions seulement, les six composantes des pressions, et pour remplacer les considérations dynamiques dont nous ne pouvons pas nous servir légitimement, sont celles qui ont été indiquées § 6.

La condition d'homogénéité signifie ici que les lois de variation des pressions sont les mêmes en tous les points et dans toutes les directions ; elle pourra se traduire par des moyens analogues à ceux employés dans la théorie des corps isotropes.

Pour tenir compte du principe de l'indépendance des effets des forces, il faut exprimer que, étant données la grandeur et la direction d'une force agissant sur un élément superficiel, la pression qui en résulte, en un point quelconque du milieu, sur un plan de direction quelconque, est égale à chaque instant à la résultante des pressions produites, en ce point et suivant cette direction, par l'action individuelle des composantes de la force donnée, sur trois axes de direction quelconque.

Enfin, les considérations qu'il faut substituer à celles de la dynamique ordinaire doivent se tirer de la condition que la résultante des pressions sur la surface d'un atome isolé dans l'éther est, à chaque instant, pour toute position et toute direction du mouvement, proportionnelle à l'accélération que possède cet atome, sous l'action de forces supposées étrangères au milieu.

La difficulté consiste à traduire ces conditions, auxquelles il sera peut-être nécessaire d'en ajouter d'autres, sous forme d'équations générales pouvant être substituées à celles que nous avons rappelées plus haut, relativement aux corps élastiques homogènes. Cette difficulté ne me paraît pas insurmontable ; quand elle sera résolue, la théorie mathématique de l'éther se trouvera constituée.

FIN.

TABLE DES MATIÈRES

CONSIDÉRATIONS PRÉLIMINAIRES.

CHAPITRE II.

Hypothèses sur la constitution de l'éther.

CHAPITRE III.

Indications relatives à l'établissement de la théorie mathématique de l'éther.

3158. — Paris. — Imp. Gauthier-Villars, 55, quai des Grands-Augustins.

www.ingramcontent.com/pod-product-compliance
Ingram Content Group UK Ltd.
Pitfield, Milton Keynes, MK11 3LW, UK
UKHW020356180726
13839UKWH00003B/1139